MANUEL

POUR L'AGRICULTURE.

PRÉFACE.

Nous n'avons rien négligé pour donner à cette précieuse amélioration que nous faisons sur l'agriculture; l'exactitude et la précision de nos principes atteignent au plus haut degré du progrès.

En nous déterminant à mettre au jour ces beaux principes fondamentaux, nous avons eu à combattre plusieurs savants, mais comptant sur notre expérience et le désir de nous rendre utile à notre patrie, nous ne nous sommes arrêté à aucune entrave, être utile au peuple, rendre service à la première industrie du monde, l'Agriculture, tel a été ontre but, telle est la cause de l'essai que nous soumettons aux cultivateurs.

Des principes exacts et immanquables sont décrits dans notre ouvrage pour obtenir infailliblement une bonne récolte de vers à soie; en suivant exactement nos principes la réussite est certaine, que le cultivateur veuille donc nous accueillir avec bonté, et nous seront récompensé grandement par le bonheur de lui plaire.

GUIDE

POUR LES PROPRIÉTAIRES.

Les propriétaires et cultivateurs sont disposés aux travaux de l'agriculture, car l'état de cultivateur n'est pas destiné à la noblesse; mais si on voulait aller à la rigueur des emplois dans cette circonstance on trouverait que l'état de cultivateur est la racine fondamentale de tous les emplois, quoiqu'il soit méprisé extérieurement. Cependant un grand nombre de personnes l'admirent comme la source de tous les arts; là, enfin, ceux qui méprisent l'agriculture, méprisent Dieu même, là, ils ne pourront jamais obtenir un bienfait de cette circonstance, en rejetant l'œuvre de notre divin Créateur, enfin, Dieu dit bienheureux les débonnaires; car ils possèderont la terre et le royaume des Cieux est à eux, et ceux qui mépriseront les pauvres cultivateurs seront privés de ce bonheur. Un missionnaire disait que l'état de cultivateur était le plus honorable à Dieu et en même temps c'est celui qui enrichit tous les autres états, enfin il excite les cultivateurs spécialement de travailler avec modération et d'offrir leur travail à Dieu; car en faisant cette offrande, Dieu serait toujours à leur secours pour les consoler de leurs afflictions et de leurs méprisations. En observant qu'il arrive quelquefois que dans tous les états se trouvent de plusieurs qualité de gens, parmi les agriculteurs, il y en a qui ont contredit ces doubles sentiments sur plusieurs rapports. Ils seront aussi maudits par la loi de notre souverain sacrificateur, bien sauveur. L'orgueil nous perd et l'avarice achève de nous détruire complètement, non-seulement notre corps, mais nous détruit mortellement notre ame, car, la destruction de notre ame est une circonstance inombrable et incompréhensible ou d'une infinité, c'est-à-dire que cela ne finira jamais.

CHAPITRE 2.

Accident déplorable arrivé dans un village du département de la Haute-Loire.

Avant de donner connaissances des principes fondamentaux de l'agriculture, nous allons maintenant nous occuper d'un malheur qui est arrivé dans des montagnes isolées, au sujet de la neige; ce fait est tout récent.

Il y a quelque temps que, dans ce pays, il tomba abondamment de neige, environ six pieds égaux par toute l'étendue, et couvraient une grande partie des édifices de ce pays.

Les habitants restèrent pendant cinq mois presque sans sortir ni même sans apercevoir la clarté du jour. Il faut observer que les maisons sont presque toutes batties en terre mêlée avec des pierres et sont couvertes en paille ou en bois de sapin ou de petit bois qu'on appelle de genest. Dans un spectacle pareil il y eut beaucoup de personnes qui moururent sans être secourues; presque des villages entiers et beaucoup de maisons se sont écroulées sous le lourd fardeau de la neige;enfin il yeut une maison écroulée,elle était au milieu du désert, éloignée d'un village d'environ un quart d'heure. Elle était habitée par douze personnes, tous succombèrent excepté un enfant âgé de huit ans, qui, au moment du désastre, se trouvait hors de la maison, le bruit que produisit l'écroulement frappa cet enfant. Profiter d'un simple passage que la providence lui avait laissé libre, et courir au secours de ses parents, fut son premier mouvement. Mais qu'elle peine n'eut-il pas à éprouver d'être spectateur d'une scène aussi horrible, père, mère, frères et sœurs, tous avaient péris!

Resté seul pendant trois mois, le jeune enfant n'avait plus aucun espoir de secours, quand le maire du village voisin instruit de cet horrible accident se rendit sur les lieux pour s'assurer des faits énoncés par beaucoup de personnes; à sa vue l'enfant se précipite à son cou, l'embrasse avec enthousiasme et lui dit: J'étais à ma dernière heure d'existence, vous me sauvez, croyez que je vous en saurais gré ma vie.

Le maire voulut visiter les lieux du désastre et se fit accompagner par ce jeune enfant qui d'une manière touchante et expressive à la fois, lui fit parcourir les lieux où étaient les cadavres de tous ses parents, après avoir fait la description de la manière dont ils étaient morts, le maire touché et étonné de voir un enfant si jeune parler avec autant de raison et d'une manière si expressive, lui assura une protection.

Depuis cette époque l'enfant a grandit sous des auspices heureux, la divinité suprême avait réservé cette déplorable scène pour un exemple, ce jeune enfant âgé de huit ans lors de cet événement, est aujourd'hui un grand personnage, considéré, aimé, chéri de tout ce qui l'environne, parce que, guidé et élevé par cette même providence, il a sû goûter le bon et mépriser le mauvais.

Cet exemple s'applique à bien des personnes, que

ceux qui veulent bien me lire en comprenne l'étendue et ils ne pourront nier que jamais la divinité ne laisse sans récompense la bonne action ou l'idée de la faire.

CHAPITRE 3.

Outils ou Instruments essentiels à l'agriculture.

La charrue, employée pour le labourage des terres afin de les disposer à recevoir la semence.

La pioche, la bèche, le trident, le lochet, sont essentiels pour bien travailler la terre.

Le rateau employé pour trisser la terre et enlever les pierres qui pourraient se trouver sur la surface est d'un grand besoin.

La faulx et la faucille pour faucher, moissonner et recueillir différentes récoltes de haute venue et de tige délicate sont de première nécessité.

La serpe, serpette, greffoir, etc., sont d'une utilité indispensable pour l'entretien des arbres, les vignes pour être bien taillées doivent l'être avec la serpe possédant un tranchant vif.

Plusieurs autres instruments aratoires dont le détail est inutile d'être énuméré, sont indispensables, soit pour cultiver les terres de manière à les préparer à recevoir la semence, soit pour cultiver les jardins.

En suivant avec soin chaque époque où la terre doit recevoir les diverses semences ou plantations, nous démontrerons d'une manière précise, l'intérêt qu'il résulte d'exécuter ponctuellement notre manière d'exploiter, et convaincu par notre expérience d'obtenir un plein succès en suivant avec exactitude notre avis, nous engageons Messieurs les propriétaires de prêter toute leur attention à notre ouvrage ; nous les engageons fortement à faire des expériences d'après nous, et d'après leur usage, persuadés d'avance qu'ils n'auront qu'à nous adresser des remercîments et nous saurons gré de notre travail philantropique.

CHAPITRE 4.

Du Laboureur.

Le soin principal du laboureur est de bien préparer la terre afin qu'elle puisse recevoir la semence avantageusement ; pour y parvenir il aura soin de choisir autant que possible la température la plus sèche, le vent du nord est préférable à tout autre ; la terre humide ne peut se travailler convenablement, et ce travail encore nuit-il au champ pour quelques années.

Pour bien réussir dans une récolte de blé, le cultivateur aura soin de laisser reposer le champ pendant une année, pouvant cependant y semer des poids, pommes de terre et autres légumes que l'on est obligé de fumer ; la terre ayant reçue cet engrais provisoire, une excellente récolte, en blé, de deux ans en deux ans est assurée : cette manière d'exploiter est d'autant plus efficace que dans les pays où le blé est la meilleure des récoltes, on y récolte aussi grande quantité de poids, haricots, etc., etc.

Que l'on veuille suivre notre méthode et l'expérience démontrera combien il est avantageux pour le propriétaire de nous imiter dans nos maximes.

CHAPITRE 5.

De la semence du Blé.

Le blé dans les pays où le climat est d'une température douce sans être chaude, doit être en terre du 15 août au 15 septembre et dans les contrées où les chaleurs sont plus fortes, du 15 septembre au 15 octobre, la raison en est simple, plus le climat est chaud, plus vîte aussi la semence fait son germe, il est donc facile à ceux qui voudront bien nous imiter de suivre le cours du pays et même du quartier où ils doivent semer.

Le soin le plus essentiel à apporter pour avoir une bonne récolte est d'abord de faire choix d'une première qualité de semence et que le semeur égalise parfaitement le grain qu'il jette, excepté cependant lorsque dans un champ, une partie est supérieure en qualité que l'autre, alors il est naturel de mettre plus de semence à la partie faible qu'à l'autre.

CHAPITRE 6.

De la semence de l'Orge et de l'Avoine.

Il est essentiel au propriétaire de remarquer la différence de cette production avec celle du blé, la manière de les semer n'est plus la même et son époque diffère; dans un pays tempéré la semence doit se faire au mois de février, dans d'autres pays plus froid et par conséquent moins fertiles, vers le mois de décembre; la distance pour jetter la semence doit être plus étendue que pour le blé.

CHAPITRE 7.

De la semence de la Pomme de terre.

Les pommes de terre, les poids de diverses espèces se sèment à peu près de la même manière, il faut cependant observer que pour obtenir une bonne récolte de pomme de terre, il faut avoir soin de bien fumer le terrain qui doit recevoir la semence et choisir l'époque qui convient au pays et à sa température ; il est essentiel aussi que le propriétaire sache apprécier par lui-même le terrain sur lequel il veut semer et qu'elle est sa température, car dans une commune bien restreinte, peu de parcelles de terre se ressemblent pour la production, d'où il faut conclure que la sagacité des cultivateurs est plus convenable en cette circonstance que toutes les règles générales que nous pourrions donner ; nous bornant donc à ces simples explications, nous engageons Messieurs les propriétaires, cultivateurs ou non, à vouloir nous suivre dans notre marche, la branche la plus importante pour nous est celle de l'éducation des vers à soie, à cette récolte nous attachons le plus d'attention parce qu'elle mérite plus de soin, plus de précaution, plus de parcimonie, aussi allons-nous développer d'une manière précise, exacte et brève tout ce qui a rapport à cette belle industrie.

La soie, production qui enrichit la plupart des départements du midi de la France, la soie, disons-nous, mérite une mention plus étendue que tout autre chose, car cette récolte étant plus difficile à faire prospérer et les soins à y apporter étant plus minutieux, nous devons développer de point en point toutes les circonstances qui se rattachent à elle, depuis la graîne du ver jusqu'au moment où il a fait le cocon.

Par notre expérience, nous garantissons une heureuse récolte si nous sommes imités dans notre manière d'agir, et le but que nous voulons atteindre, que nous avons atteint dans l'intérêt de l'agriculture, celui de rendre plus propice encore l'industrie la plus belle, nous l'affirmons, sera la meilleure récompense que nous puissions espérer.

Nous engageons donc le propriétaire qui n'aurait pas nos idées à ce sujet d'en faire un essai en petit, et par cette tentative s'assurer de la fructuosité de nos principes, convaincu des succès et d'avance persuadé que nous n'aurons que des éloges à mériter nous nous reposons sur la bonne foi de ceux qui auront confiance en nous.

CHAPITRE 8.

ÉDUCATION DES VERS A SOIE.

Manière infaillible de les faire réussir par suite d'une longue expérience.

Suivez ponctuellement les préceptes suivants et vous aurez toujours grande quantité de cocons.

Les cocons provenans d'un atelier bien tenu, qui ont de la consistance, et qui sont d'un grain fin, sont toujours propres à donner de très bons œufs.

Le moyen certain pour faire un bon choix, est de prendre les vers qui sortent les premiers au réveil de la quatrième mue, alors qu'on s'apperçoit qu'il y a au moins la moitié de sortis; on les place sur des tables séparées et ils reçoivent un ou deux repas par jour de plus que les autres ; on ne doit prendre que les cocons dont les bruts sont forts.

On doit dépouiller les cocons l'un après l'autre, de la bourre qu'ils ont, et les passer ensuite un à un d'un fil de chanvre en forme de chapelets que l'on suspend à des clous fixés au mur. On a eu soin d'avance de tapisser le mur d'un drap de lit, afin de préserver la chrysalide de l'humidité et de trop de froid.

Conservation des cocons destinés à donner les œufs.

On doit tenir les cocons destinés à donner les œufs dans une chambre sèche, exposée à une température de 15 à 17 degrés : les chambres du premier sont préférables à celles du rez-de-chaussée.

L'expérience nous a démontré que les cocons tenus à une température de 18 degrés et au-dessus, ne produisent que des papillons jaunâtres, gras, sans vigueur mourant très souvent sans faire des œufs, ou du moins n'en faisant qu'une petite quantité et de mauvaise qualité.

Une température de 16 à 17 degrés est la seule convenable pour la conservation des cocons et pour la naissance des papillons.

Pour se tempérer, on doit choisir une chambre exposée au nord, située entièrement du côté opposé au soleil, et avoir soin de fermer les portes et volets.

En suivant exactement ce que nous prescrivons, on obtient communément une once et demie d'œufs, par livre de cocons.

Cette chambre doit être obscure ou dumoins il ne doit y avoir que la clarté nécessaire pour y distinguer les objets.

Naissance, accouplement et ponte des papillons.

Les papillons naissent ordinairement de 8 à 9 heures du matin ; c'est alors qu'on ramasse 1° ceux qui se sont accouplés d'eux-mêmes, qu'on les transporte dans une chambre un peu grande, fraîche, assez aérée et obscure, ayant 15 à 16 degrés de température ; 2° Qu'on place sur un linge étendu par-dessus une claie les papillons qui ne sont pas accouplés, en ayant soin de favoriser leur accouplement et de les transporter dans la chambre dont il est parlé ci-dessus au fur et à mesure qu'il s'ffectue.

Le mâle ne doit rester accouplé que six heures.

On désunit avec délicatesse les papillons accouplés pendant six heures ; si les papillons se détachent pendant l'accouplement il faut les réunir une seconde fois, afin de compléter les six heures de temps de liaison qu'il leur faut : lorsque les mâles ne sont point en nombre égal à celui des femelles, on peut les faire servir une seconde fois, en ayant soin de les tenir dans l'obscurité.

On peut laisser quelques jours à l'endroit où elles se trouvent, les étoffes en laine sur lesquelles tes œufs sont déposés, pourvu que la chambre ne soit qu'à 15 ou16 degrés; si la température se trouvait plus chaude il faudrait placer les étoffes dans un endroit plus frais et toujours assez sec.

Conservation des œufs.

Lorsque les œufs ont acquis la couleur grise qui leur est propre, quand ils sont secondés et que les linges sont bien secs, on doit les plier en huit doubles, les renfermer dans un filet que l'on suspend à un endroit frais, sec, et dont la témpérature dans l'été n'outre-passe pas de beeaucoup 15 degrés et qu'elle n'aille pas au-dessous de zéro pendant l'hiver. On doit visiter les œufs tous les mois, afin de s'assurer si les insectes ne les dévorent pas et si l'humidité ne leur porte aucune atteinte.

Les œufs s'altèrent dans un endroit humide et les vers-à-soie qu'ils produiseut ne sont pas vigoureux.

Les excrémens qu'ont déposés les papillons ne sont pas nuisibles aux œufs, pourvu qu'on ai soin de ne lever les étoffes que lorsqu'elles sont bien sèches.

Il est certain qu'une température au-dessous de 15 degrés serait préférable pour la conservation des œufs, à une de 16, qui agit certainement sur les œufs en anticipant mal-à-propos sur la formation de l'embryon; d'où suit la conséquence, qu'au moment où l'on met à éclore, l'embryon est déjà atteint d'imperfection.

Aussitôt que les œufs ont acquis la couleur grise qui leur est propre quand ils sont fécondés; on ferait bien de laver les étoffes légèrement dans l'eau, afin d'enlever les excrémens qu'ont déposés les papillons; ces matières exposées à une humidité même bien légère peuvent former de la moisissure pendant le courant de l'année et altérer les œufs. On doit aussi avoir la précaution de bien laisser sécher les étoffes dans la chambre où sont nés les papillons, avant de les renfermer dans le sac et les suspendre à l'endroit qui leur est désigné.

Préparation des œufs des vers à soie, appareil dans lequel on doit les faire éclore, lenr naissance.

L'opération qui a pour but de faire naître les vers à soie à propos et avec succès, peut avee raison être considérée comme la plus essentielle ; l'appareil dont nous allons donner la description dans ce chapitre, doit procurer cet heureux résultat.

Préparation des œufs des vers à soie.

Lorsque le moment de faire éclore est arrivé, on plonge dans un sceau d'eau de puit ou de citerne les étoffes sur lesquelles les œufs sont attachés, on les laisse dans l'eau à peu près six minutes : lorsque ce terme est passé, on sort les étoffes de l'eau, on les laisse égoutter deux ou trois minutes les tenant dans les mains et l'on détache ensuite les œufs avec un racloir sur un drap de lit étendu.

Lorsqu'on a détaché les œufs des linges, on les lave légèrement dans un bassin avec de l'eau, afin de les séparer les uns d'avec les autres, on enlève ce qui surnage et l'on verse sur un tamis l'eau du bassin ainsi que les œufs, on remet dans le bassin les œufs du tamis, on verse dessus du vin sain et léger on lave de nouveau les œufs, les frottant légèrement afin qu'ils se séparent les uns d'avec les autres.

On étend des linges secs sur des pavés en briques sur lesquels on met les œufs qu'on avait eu soin de sortir du vin et de mettre écouler, et de temps à autre on les change de place, ces pavés attirent promptement l'humidité.

Nous ne donnerons ici la description de l'étuve dont parle M. Dandolo pour faire éclore les vers à soie ; l'expérience nous a démontré que cette méthode laisse quelques inconvénients.

Il est un moyen pour faire naître les vers à soie que nous avons éprouvé, il nous a donné des résultats plus surs, moins pénibles et moins coûteux; nous allons en faire la description.

De l'appareil dans lequel on doit faire naître les vers à soie.

On fait une caisse contenant trois tiroirs placés les uns sur les autres; le plus haut présentant à son fond qui est en toile, une surface assez grande pour contenir les œufs qu'on veut faire éclore, le plus bas étant assez grand pour recevoir un chaudron contenant environ 20 litres d'eau, et enfin le troisième, celui du milieu, formant un vide ou une séparation entre les deux autres, fait avec deux toiles placées à six pouces de distance l'une de l'autre en forme de plancher ; ce tiroir, ou pour mieux dire ce vuide, est destiné à briser, amortir, diviser la chaleur qui doit s'élever du chauderon, passer à travers lui pour venir échauffer les œufs placés au plus haut tiroir.

L'appareil ainsi construit, présente sur son devant deux battants, celui du tiroir d'en haut qui doit contenir les œufs, celui du tiroir d'en bas qui doit contenir le chaudron plein de l'eau chaude, et celui du milieu fait en toile, destiné à former un vide entre les deux autres, pour briser, ainsi que nous l'avons déjà dit, amortir, diviser la chaleur qui doit s'élever du chauderon pour venir échauffer les œufs placés au plus haut tiroir.

Afin de conserver davantage la chaleur et d'obtenir une température plus douce et plus régulière, on enveloppera l'appareil, soit avec des linges, soit avec des couvertures, soit avec de la paille, soit avec tout autre chose.

Naissance des vers à soie.

Lorsque le cultivateur a observé le degré de végétation des mûriers et qu'il croit lui convenir d'avoir ses vers à peu près dans dix jours, il mettra au fond du plus haut tiroir de son appareil une couverture de laine doublée en quatre, il étendra sur cette couverture un mouchoir de laine sur lequel il mettra les œufs, de manière à ce qu'ils ne se touchent pas les uns avec les autres, il introduira dans le tiroir d'en bas le chauderon plein d'eau, qu'il aura fait chauffer à un point convenable pour obtenir dans l'appareil les degrés de température ci-après donnés, et il aura soin de boucher hermétiquement de son couvert le chauderon, afin qu'il ne laisse point échapper d'humidité.

Le premier et deuxième jours on doit porter la température à 14 degrés ; le troisième jour à 15, le quatrième à 16, le cinquième à 17, le sixième à 18, le septième a 19, le huitième à 20, le neuvième à 21, et les dixième, onzième et douzième à 22.

Les vers provenant d'œufs exposés, dans le cours de l'année ou durant l'hiver, à une température assez douce, ou de ceux qui ont souffert ce qu'on appelle la macération, naissent quatre ou cinq jours plus tôt, c'est-à-dire à une température de 17, 18 ou 19 degrés; s'ils ont été tenus à une température très- froide, ils naissent quelques jours plus tard.

Lorsque les œufs prennent une couleur blanchâtre, le vers est déjà formé ; alors il faut mettre sur les œufs un voile très-clair. Les vers commencent à paraître sur ce voile, parce qu'ils passent par les trous.

Pour recueillir les vers, on n'a plus qu'à tenir sur ce voile de petits rameaux tendres de mûrier ; on doit en remettre une quantité suffisante pour prendre les vers en proportion qu'ils sortent ; si ces insectes ne trouvent pas de la feuille, ils se répandent dans l'intérieur du tiroir, ils reçoivent une trop grande chaleur et pendant trop long-temps, ce qui leur est préjudiciable. Les vers qu'on aura fait naître par la méthode que j'ai indiquée seront toujours très-sains et vigoureux. Ils ne seront ni roux ni noirs, mais bien châtain foncé, qui est la couleur qu'ils doivent avoir. Pendant le temps que les œufs sont dans l'appareil, il faut tous les deux jours, les ramasser sur le milieu du mouchoir et les étendre aussitôt, afin qu'ils occupent tour à tour les parties du tiroir qui pourraient être plus ou moins chaudes.

Les changements de température font souffrir les ambryons près d'éclore.

Par macération on entend mettre des œufs dans des sachets sous des coussins ou des matelas jusqu'au moment de les placer dans l'appareil.Cette méthode incertaine est nécessairement nuisible au développement régulier et sûr des vers.

Il est essentiel, nous le répétons, de faire éclore les vers avec soin. Si cette opération ne réussit pas parfaitement, il en résulte des maladies dans tout le cours de leur vie.

Des soins généraux qu'on doit apporter dans l'éducation des vers à soie

L'expérience démontre constamment que s'il est nuisible à la santé des vers à soie nouveau-nés, de les laisser exposés à une température chaude et sèche, il l'est aussi de les transporter dans un local à une température froide.

Les faits démontrent également qu'il est utile pour bien élever les vers à soie que la grandeur des chambres où on les place soit proportionnée à la quantité qu'on en veut élever : il est en conséquence nécessaire de déterminer l'espace que la chambrée doit occuper dans chaque âge.

La grandeur de ce petit logement doit être calculée de manière à ce qu'il contienne les vers jusqu'à la troisième mue.

En expliquant l'usage de ce petit atelier, j'ai en vue non-seulement l'économie du combustible mais encore je pense que cela doit contribuer à la santé des vers à soie.

La température doit être portée à 19 degrés pendant le premier âge, à 18 pendant le deuxième âge, à 17 pendant le troisième âge; entre le 14e et le 16e degrés pendant le quatrième âge.

Si la saison devient froide et mauvaise de manière à ralentir le développement de la feuille, il faut gagner quelques jours en abaissant graduellement la température jusqu'à 17 et même 16 degrés, mais pas au delà.

On doit avoir soin de préserver les vers de l'impression des vents, particulièrement s'ils sont froids et secs.

Les vers mettent au moins deux jours à naître, par conséquent ceux qui naissent le premier jour sont nécessairement plus grands que ceux qui naissent le second et le troisième; aussi on doit mettre les vers à soie premier-nés dans l'endroit le moins chaud de l'atelier; par le moyen d'un peu plus de feuille que l'on donne aux derniers on obtient bientôt qu'ils soient aussi avancés que les premiers.

Lorsque les vers se disposent aux mues, l'air intérieur de l'atelier doit être peu agité, la température doit être un peu basse et ne doit pas varier.

On ne doit lever les vers après les mues que lorsqu'ils sont presque tous éveillés, et il faut avoir soin de déliter 24 heures au moins avant qu'ils n'entrent en mue.

Il n'y aurait rien à craindre quoiqu'on laissât écouler, sans leur donner à manger, 24, 30 heures et même plus, à compter du moment que les premiers vers se sont éveillés pour attendre que presque tous le fussent.

Après que les vers se sont dépouillés de leur enveloppe on doit leur donner deux repas avant de les déliter pour leur donner le temps de réparer leurs forces et pour que tous aient le temps de sortir de mue.

On ne saurait trop recommander de tenir les vers bien clair, parce qu'il est certain que plus les vers à soie sont à leur aise mieux ils mangent, digèrent, respirent, transpirent et reposent.

Si on n'a pas soin de couper la feuille très menue et de tenir bien au large les vers surtout quand ils sont petits, il en reste une grande quantité sans manger qui s'exténue, s'affaiblit s'altère, se dénature et finit par périr sous la feuille.

Les vers à soie venant de naître craignent beaucoup la température élevée. La superficie de ces insectes est très grande relativement à leur poids, de la même manière que la superficie de six barils d'un quintal est plus grande que celle d'une barrique de six quintaux; la forte évaporation que la chaleur provoque les dessèche trop, altère leurs organes délicats, surtout lorsqu'ils n'ont pas encore mangé.

Les vers à soie sont sujets à diverses maladies : les unes sont naturelles et inévitables perce qu'elles dépendent de leur nature. Telles sont les mues qui les attaquent; les autres maladies tiennent à des causes accidentelles, parce que le ver à soie doit naître sain lorsqu'on a fait un bon choix des auteurs qui ont produit la graine et que cette graine a été bien préparée et bien tenue toute l'année.

La première de ces maladies est celle qui frappe le ver dans son état d'ambryon et pendant le temps de l'incubation (couvaison) qui fait que cet insecte naît rougeâtre, au lieu d'être coloré d'un brun foncé, nuance qui caractérise la bonté. Cette maladie est causée par une chaleur non graduée, trop précipitée et trop violente.

La seconde est celle des petits vers mal sains et languissants qu'on remarque en les délitant surtout à la quatrième mue. Les causes qui les ont mis dans cet état de difformité et de dépérissement sont nombreuses; si le papillon qui les a produits n'étaient pas sain, si pendant l'accouplement il a été tenu à une température trop élevée, si la femelle n'a pas reçu l'approche du mâle pendant assez long-temps, si la graine a été tenue à l'humidité, si elle a été trop chauffée à l'éclosion, si les vers ont reçu des coups de feu, s'ils ont occupé dans la coconière une place trop froide ou humide, s'ils ont été tenus trop épais, s'ils ont été délités avant l'accomplissement de leur mue, et enfin s'ils ont été frappés d'une transition subite du chaud au froid, une seule de ces circonstances appauvrit leur santé et les jette dans un état de misère et de décomposition.

La troisième est appelée *gras* ou *jaune*. Dans cette maladie l'animal devient gros et cylindrique, son corps forme de gros anneaux, sa peau prend la couleur blanc-jaune sale. Cette maladie se déclare principalement à la deuxième mue et à la monte. Quand on voit des vers de cette qualité à la seconde mue, le plus court alors c'est de tout jetter.

Une température trop élevée, surtout si elle provient de l'atmosphère, produit les vers jaunes.

www.ingramcontent.com/pod-product-compliance
Ingram Content Group UK Ltd.
Pitfield, Milton Keynes, MK11 3LW, UK
UKHW021043260726
13994UKWH00005B/2336